瑪麗諾愛樂・巴亞(Marie-Noëlle Bayard)

Doudous de la ferme

農場裡的絨毛玩偶

親手DIY布偶動物的樂趣

Doudous de la ferme
農場裡的絨毛玩偶
親手DIY布偶動物的樂趣

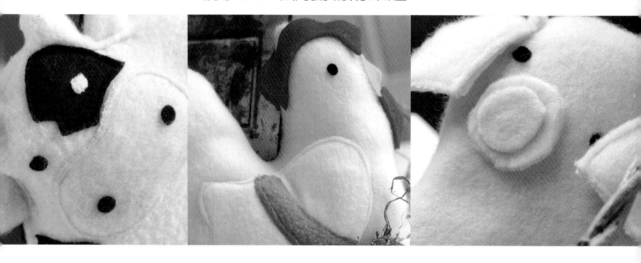

作者◎瑪麗諾愛樂‧巴亞（Marie-Noëlle Bayard）

攝影◎費德瑞克‧盧卡諾（Frédéric Lucano）

造型設計與美術指導◎桑妮雅‧盧卡諾（Sonia Lucano）

翻譯◎張一喬

太雅生活館

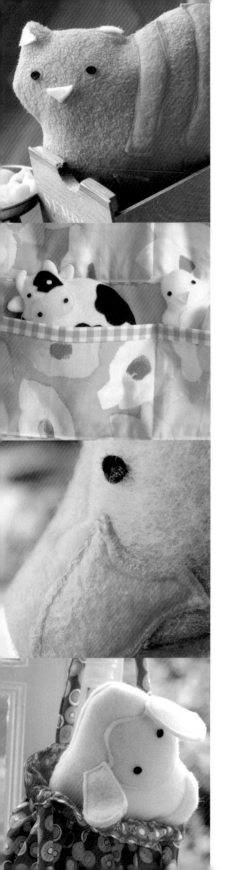

農場裡的絨毛玩偶

So Easy 106

作　　者　瑪麗諾愛樂・巴亞(Marie-Noëlle Bayard)
攝　　影　費德瑞克・盧卡諾(Frédéric Lucano)
翻　　譯　張一喬

總 編 輯　張芳玲
主　　編　劉育孜
文字編輯　林麗珍
美術設計　張蓓蓓

TEL：(02)2880-7556　FAX：(02)2882-1026
E-MAIL：taiya@morningstar.com.tw
郵政信箱：台北市郵政53-1291號信箱
網頁：http://www.morningstar.com.tw

Original title: Doudous de la ferme
Copyright©Marie-Noëlle Bayard, Mango, Paris, 2005
First published 2005 under the title Doudous de la ferme by Mango, Paris
Complex Chinese translation copyright©2006 by Taiya Publishing co.,ltd
Published by arrangement with Editions Mango through jia-xi books co.,ltd.
All rights reserved.

發 行 所　太雅出版有限公司
　　　　　台北市111劍潭路13號2樓
　　　　　行政院新聞局局版台業字第五○○四號
印　　製　知文企業（股）公司　台中市407工業區30路1號
　　　　　TEL：(04)2358-1803
總 經 銷　知己圖書股份有限公司
　　　　　台北分公司　台北市106羅斯福路二段95號4樓之3
　　　　　TEL：(02)2367-2044　FAX：(02)2363-5741
　　　　　台中分公司　台中市407工業區30路1號
　　　　　TEL：(04)2359-5819　FAX：(04)2359-7123

郵政劃撥　15060393
戶　　名　知己圖書股份有限公司
初　　版　西元2006年8月01日
定　　價　199元
（本書如有破損或缺頁，請寄回本公司發行部更換，或撥讀者服務專線
04-2359-5819#232）

ISBN 978-986-7456-96-0
Published by TAIYA Publishing Co.,Ltd.
Printed in Taiwan

國家圖書館出版品預行編目資料

農場裡的絨毛玩偶 / 瑪麗諾愛樂・巴亞（Marie-Noëlle
Bayard）作；張一喬翻譯.—初版.—台北市：太雅,2006〔民95〕
面：　公分.—（生活技能：106）（So easy：106）
譯自：Doudous de la ferme
ISBN 978-986-7456-96-0(平裝)
1.玩具-製作 2.家庭工藝

426.78　　　　　　　　　　　　　　　　　　95013083

目 錄

工具與材料

本書中所呈現的可愛絨毛玩偶均是以刷毛布製作而成的。此種新興的摩登材質柔軟、堅固耐用並且清洗簡易，因而用來製作給小孩的玩具可說是相當理想。

刷毛布

刷毛布或刷毛絨（polar fleece，亦譯搖粒絨）是以極細的合成纖維織成後，再加工刮過以求得軟綿綿毛茸效果的布料。此種材質一經剪裁後是不會鬆開抽線的，通常是以140～150公分的寬度論尺販售，有些是兩面都可使用，有些則在其中一面呈現家用毛巾般的視覺效果。其可供選擇的色彩相當豐富，售價便宜並可以洗衣機清洗；而清洗過後也不需整燙，待其完全乾燥之後便會回復原狀。請勿使用細氈子作為材料，因為它不能水洗而且還會褪色。

布料

農場部分是完全以百分之百純棉的布料來製作的，因而清潔、整理起來相當簡易方便。這些印有條紋、方格或花朵的布塊也都相當容易取得，一般市面上的布行都有販售。

填充物

為了讓這些動物布偶可以手洗或丟進洗衣機清洗，您必須使用觸感輕盈的合成纖維所製成的填充物。使用前可以將纖維略微撐開，讓填充物更為蓬鬆有厚度，接著再一小撮一小撮地放進布偶中；記得先從較窄的部位（手腳、頭……）開始填充，並注意保持一定的柔軟度，好讓小孩也可以輕易地掌握和把玩整隻動物。

合成雙面起絨呢

合成雙面起絨呢是於製作農場時使用，用來放進表布和裡布之間做襯。一般是以長寬150公分的大小出售，剪裁容易且能為成品帶來柔軟舒適的觸感。

布料用黏膠

所有的小細節都是在最後固定手續之前先黏上動物主體的，只有幾個部位像是眼睛和鼻子，才是在縫接固定以後才組合上去，而且黏貼比起縫紉容易的多了。這類布膠的優點是相當牢固，耐水洗，且乾了以後是透明無色的，所以不小心沾染到了也不用擔心喔！

粉片

使用簡單的裁縫用粉片，以便在布料上描下紙型的形狀。您可以在描繪深色布料時準備一個白色粉片，並另外為淺色布料準備一個粉紅或藍色的粉片。

縫線

不分材質均可使用的縫線是以合成纖維製成的，使用與洗滌上的特性也與刷毛布相同；農場的縫製採用的則是百分百純棉縫線。另外請您多花點心思，為所使用的刷毛布挑選顏色相稱的縫線。

剪刀

請使用傳統裁縫剪刀來裁剪製作動物和農場所需的布塊。當需要裁剪某些細節的時候，改用刺繡用小剪刀會比較方便。

打洞機

動物的眼睛是藉辦公室常用的打洞機製作出來的，它的鋒利度對付刷毛布已是綽綽有餘了。

縫紉機

這些小尺寸的可愛布偶可以採手縫或車縫製作。比較大的細節像是母牛或狗身上的斑點是先黏貼之後再縫上去的。製作農場的時候，則必須使用有曲折線跡功能的縫紉機。

在材料清單裡頭，我們將粉片、大頭針、剪刀、切割工具、縫針、適合刷毛布的縫線和熨斗合稱為「裁縫工具箱」。

製作這些小動物，既用不著大匹成碼的布料，也無須高深的裁縫技巧。這些專為初學者設計的作品做起來是又快又簡單。所有布偶縫接組合所運用的方法都是一模一樣的。

基礎技巧

絨毛玩偶

紙型的使用

紙型包含有2片身體、眼睛、腳、嘴巴……等細節。動物身體上的虛線記號，標示著所有細節的位置。您可以直接影印書上的紙型，或是用描圖紙描下紙型、並標下相對應的各個標示。本書提供的紙型並非全部都是實品大小，請您參照每個布偶製作說明上的標示來放大比例。另外您也可以任意將紙型放大或縮小，好為布偶創作一個動物家族。

布料的剪裁

剪裁身體部分的時候，要先將刷毛布正面對正面對摺，然後將對摺的兩邊別在一起。將紙型影印之後按圖形剪下，再把紙型別在對摺的刷毛布上頭，接著用粉片將動物的輪廓描上去，從沿線多1.5公分的地方將布塊剪下。

需要裁剪某些部位的時候，一樣影印紙型之後剪下，然後別在未經對摺的刷毛布反面上，再以粉片將輪廓描繪下來，最後直接沿線剪下即可。

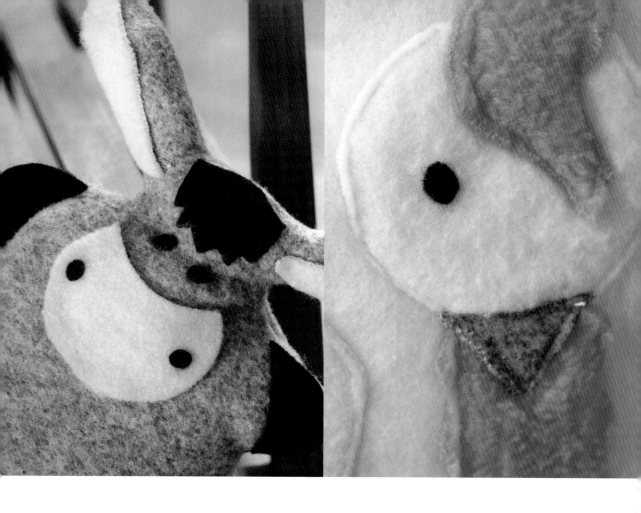

各個部位的組合

無論哪一個布偶的組合方式都是一模一樣的。
將各個細節部位，按照紙型上的虛線標示，黏在
身體上。將2片身體正面對正面、用大頭針沿著邊
緣垂直別起來，然後沿著粉片描繪的痕跡縫合起
來，並留下1個10公分的開口。接著取下大頭
針，依需求修剪多餘的縫分，然後將整個布偶翻
轉回正面朝外，並塞滿填充物，最後再用手縫，
以小針距把開口縫合。

農場

這個色彩繽紛又討喜的可愛農場，可以掛在牆壁
的吊鉤上，或是直接掛在櫃子把手上。把它合起
來就是房間裡的擺飾、小玩意和可愛的布偶們，
也都可以有條不紊地安置在各個口袋裡。擺在地
上打開兩邊，就可以讓孩子們在上面玩，幻想、
創造一堆有趣的故事。
藉助一支大尺和一個角規，以粉片按照12～13頁
的紙型，在說明指示的布料背面描繪出所需的方
塊，接著依照15頁的指示和組合表，將這些方塊
布縫合起來。在兩邊和上面的布料和合成雙面起
絨呢中間夾入紙板，可以讓農場在打開的時候更
穩固。

農場

尺寸：68公分
難易度：簡單

材料

◆ 茴香綠棉布：150X150公分
◆ 土耳其藍印花棉布：60X90公分
◆ 拼貼式印花棉布：50X90公分
◆ 粉紅和白色相間細條紋棉布：50X90公分
◆ 大朵印花棉布：50X90公分
◆ 粉紅和白色相間寬條紋棉布：50X90公分
◆ 粉紅和白色提花格子布：50X90公分
◆ 綠白細格紋印花棉布：15X90公分
◆ 淺底花綢：15X90公分
◆ 非織物薄式熱接著膠條：50X90公分
◆ 合成雙面起絨呢：100X150公分
◆ 厚度0.3公分之珍珠板：50X65公分
◆ 白色魔鬼膠帶：20公分X2個
◆ 寬1公分之嫩粉紅色棉緞帶：30公分X3個
◆ 直徑1公分之木條：60公分
◆ 綠色編帶或棉繩：1公尺
◆ 合適之縫線
◆ 裁縫工具箱

布料剪裁

藉助一支大尺和一個角規，以粉片按照12～13頁紙型上的指示，在茴香綠棉布反面描下1個前片（A）和1個後片（B），在土耳其藍印花棉布反面描下1個後下片（C），拼貼式印花棉布反面描下2個外片（D），粉紅和白色相間細條紋棉布反面描下2個內片（E），在大朵印花棉布反面描下2個口袋（F）和2個頂蓋外片（G），粉紅和白色相間寬條紋棉布反面描下2個頂蓋內片（H），粉紅和白色提花格子布反面2個口袋內片（I）。

剪裁時，所有的布塊均多留2公分的縫分。

在綠白細格紋印花棉布和淺底花綢反面，以熨斗貼上熱接著膠條；再藉助一支大尺和一個角規，剪下4個綠白細格紋（J）和3個淺底花綢每邊12公分的正方形（K）。熱接著膠條會防止布料抽線鬆開。

在用剩的土耳其藍印花棉布反面，以熨斗在5朵大花（L）下貼上熱接著膠條。剪裁時，沿邊多留0.5公分。

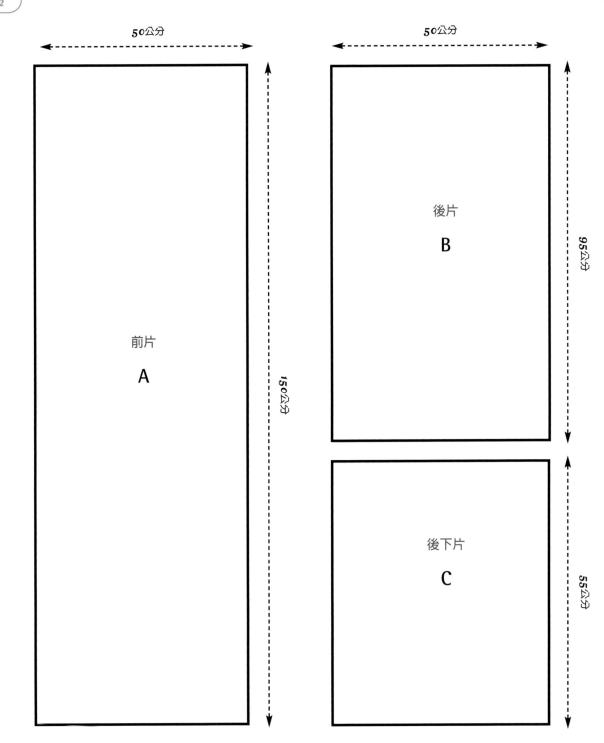

50公分

50公分

前片

A

後片

B

後下片

C

150公分

95公分

55公分

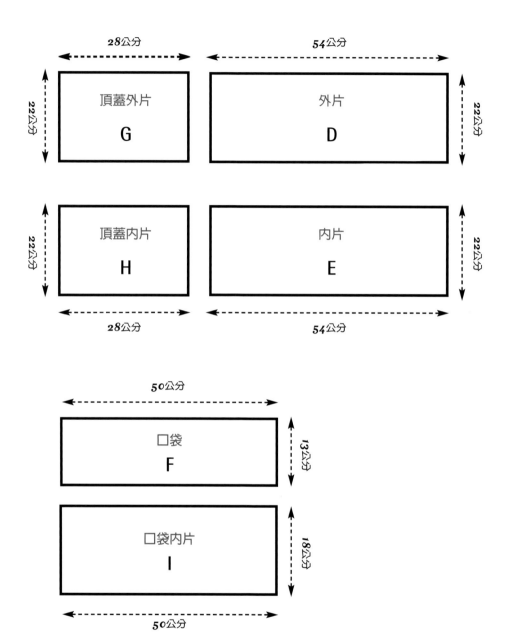

細節的黏合

將（J）和（K）方塊分散放置於前片（A）下部，讓它們看起來好像某種不規則的拼布一樣（參見15頁的組合圖示）。當您對組合起來的感覺感到滿意的時候，就用大頭針別起來固定，然後用縫紉機以曲折線跡縫接起來。

將花朵（L）分散放置於前片（A），在下片與頂部之間（參見15頁的組合圖示）。當您對組合起來的感覺感到滿意的時候，就用大頭針別起來固定，然後用縫紉機以曲折線跡或是調慢車縫速度，以特殊的鎖邊縫，縫接起來。需要變換車縫方向時，先讓車縫針留在布上，抬起壓腳，然後旋轉布的方向，再放下壓腳，繼續車縫即可。

農場的組合

將後片（B）和後下片（C）從同樣寬度的地方，正面對正面拼接起來。用熨斗將縫分打開。

將前片（A）和整個後片，正面對正面縫接起來，並在上方留下開口。從離接縫處1公分的地方，將多餘的布料修剪掉，然後以熨斗將縫分打開，接著整個翻回正面，並用熨斗把整塊接好的布燙平整。從合成雙面起絨呢裁出48X148公分的大小，並塞入農場主體當中，以大頭針固定。

在離底端55公分的地方，也就是後下片接合處附近車一道縫線，以界定出可放置於地面的下片，同時需車縫於距離下片1公分處，以固定合成雙面起絨呢。將上方開口縫合，並在兩邊留下2公分的開口，以便放入木條。

口袋的組合

將1片大朵印花口袋（F）、1片粉紅和白色提花格子布口袋（I），正面對正面縫接起來，只在1個寬邊留下開口。從離接縫處1公分的地方，將多餘的布料修剪掉，然後以熨斗將縫分打開，才整個翻回正面。用熨斗把口袋燙平整，並故意讓格子布在口袋上邊露出一條成滾邊狀，再將開口縫合。另一個口袋也是以同樣的方式製作。

將做好的口袋別在前片（A）上頭，第一個別在距頂端15公分的地方，第二個則別在第一個下方5公分處。將兩邊、下邊和中間都車縫起來，做成4個口袋。

側邊的組合

將1片拼貼式印花外片（D）和1片粉紅白細條紋內片（E），正面對正面縫接起來，只在下方留下開口。從離接縫處1公分的地方，將多餘的布料修剪掉，然後以熨斗將縫分打開，才整個翻回正面，並以熨斗把四角燙平整。另1個外片也以同樣的方式處理。從合成雙面起絨呢裁出2片21X53公分大小的方塊，將它們放進做好的兩邊裡面，並以大頭針固定。

從珍珠板裁出2片18X44公分大小的方塊，將它們塞進起絨呢和條紋布之間。將填充物往內推到底，接著在離下方7公分處，車上一道，以便固定起絨呢並讓珍珠板維持在定位。將開口從下端往裡摺縫合，取下大頭針。

將這2片以大頭針別在前片（A）的2個長邊上，

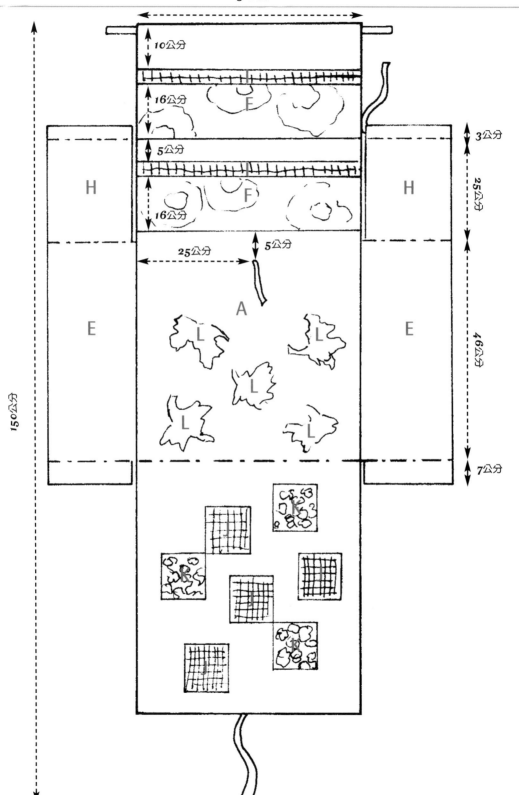

50公分

10公分

16公分

H

F

5公分

16公分

F

3公分

25公分

H

H

25公分

5公分

A

L

L

E

E

46公分

L

L

L

150公分

7公分

K

J

R

I

J

K

J

距離口袋（F）下方12公分處，邊緣對齊交疊，之前車縫處下方保留7公分的地方放空，然後粗縫起來。縫在距邊緣1公分的地方，並調整縫線的鬆緊度，以避免皺褶。必要時略微推動珍珠板，以免車縫受阻。

頂蓋的組合

將1片大朵印花頂蓋外片（G）和1片粉紅白相間寬條紋頂蓋內片（H），正面對正面縫接起來，只留下上方為開口。從離接縫處1公分的地方，將多餘的布料修剪掉，然後以熨斗將縫分打開，才整個翻回正面，並以熨斗把四角燙平整。另1片頂蓋也以同樣的方式製作。從合成雙面起絨呢裁出2片21X27公分大小的方塊，將它們放進做好的頂蓋裡面。

從珍珠板裁出2片18X20公分大小的方塊，將它們塞進頂蓋裡、介於起絨呢和頂蓋內片之間。將填充物往內推到底，接著在離上方3公分處車上一道，以固定起絨呢並讓珍珠板維持在定位。將上方開口往裡摺縫合。

將頂蓋下端與每邊上端相疊1公分處，以大頭針別好，先粗縫之後再車縫，必要時略微推動珍珠板以免車縫受阻。在頂蓋內面縫上魔鬼膠：一塊縫在外片，一塊在內片，好讓農場打開時頂蓋能維持在原位。

完成與收尾

將一條粉紅色緞帶的一端固定在口袋下方3公分處，沿寬度置中對齊，第二條粉紅色緞帶則固定在其中一個頂蓋內面，第三條要固定在農場下方

（參見15頁的組合圖示）。前面2條緞帶是當農場打開和頂蓋合起時要綁在一塊的。在農場上方，從兩端2公分開口的地方放入木條。在木條兩端綁上綠色編帶，並視所需吊掛的高度來調整長短。

使用與整理方法

當農場打開的時候，將底部擺在地上，架起兩邊時將其下部內面朝裡收起，放在底部下面，再利用魔鬼膠將2片頂蓋黏在一起，接著把頂蓋和前片中央的粉紅色緞帶綁好，最後將綠編帶掛在釘子或門把上即可。您可以將動物放在口袋裡，然後在搭起的劇場型底部玩耍。

需要收起農場時，鬆開緞帶、打開頂蓋，將兩邊摺向內，再利用頂蓋和前片中央的粉紅色緞帶將底部固定，然後將動物布偶放進口袋裡。

母牛

尺寸：18X18公分

材料

- ◆ 刷毛布：白、粉紅和黑色
- ◆ 填充棉絮
- ◆ 布品用黏膠
- ◆ 事務用打洞機
- ◆ 裁縫工具箱

布料剪裁

將22～23頁的紙型影印並剪下以取得紙型。將它們以大頭針別在刷毛布反面，以粉片畫出動物布偶的形狀。沿著畫好的圖形邊緣，再多留1.5公分的地方，自白色正面對正面對摺的刷毛布上，剪下2片身體（A）。其他的不需留縫分，可直接由未對摺的粉紅色刷毛布，剪下1個鼻子（B）、2個耳朵（C）和2個乳房（D）；從未對摺的黑色刷毛布剪下2個耳朵（C）、2隻前腳（E）、2隻後腳（F）、1片尾巴（G）、1片有斑點的眼睛（H）、2片斑點（I）、2片斑點（J）和2片斑點（K）。

組合

依照紙型上身體前片和後片的虛線標示，將鼻子（B）、乳房（D）、前腳（E）和後腳（F）、尾巴（G）和斑點（H）、（I）、（J）與（K）貼在2片身體上，接著縫紉固定。用打洞機打出3個黑圓點和1個白圓點，黏在定位作為鼻孔和眼睛，白色眼睛要放在黑色斑點（H）上。

將1片粉紅色耳朵（C）和1片黑色耳朵（C）正面對正面組合起來，留下垂直的那一面為開口。之後翻轉回正面，並以同樣的方式做好另1隻耳朵。將耳朵們以大頭針別在身體前片牛角下方，粉紅色那一面朝前方。

將2片身體正面對正面縫合，耳朵也一起縫進去（此時耳朵是包在裡面）。在尾巴的地方留下1個7公分的開口。從離接縫處0.3公分的地方，將多餘的布料修剪掉，然後翻轉回正面（此時耳朵會跟著翻到外面來）。將布偶以棉絮填滿之後，以幾針小針距縫合即可。

母牛

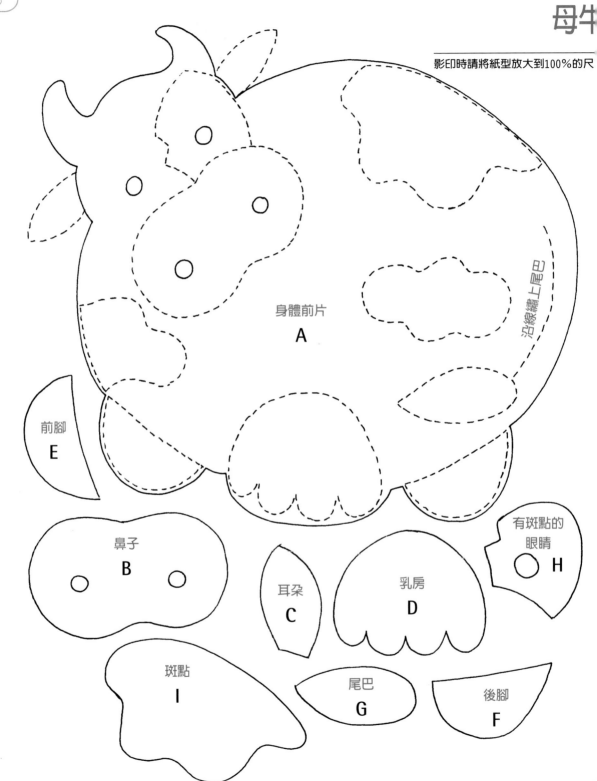

沿線縫上尾巴

身體前片

A

前腳

E

鼻子

B

耳朵

C

乳房

D

有斑點的
眼睛

H

斑點

I

尾巴

G

後腳

F

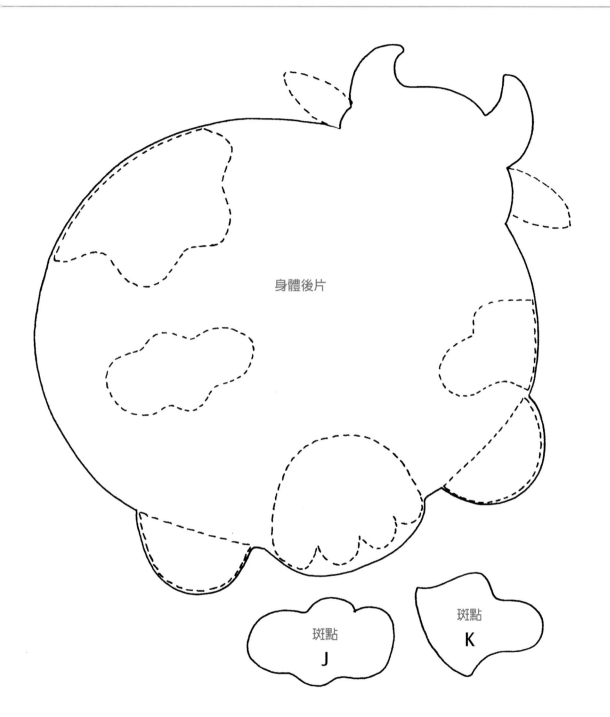

身體後片

斑點
J

斑點
K

母雞和小雞

◆ 刷毛布：白、黃、紅、橘和黑色
◆ 填充棉絮
◆ 布品用黏膠
◆ 粉片
◆ 事務用打洞機
◆ 裁縫工具箱

母雞的尺寸：15X15公分
小雞的尺寸：12X12公分

母雞

布料剪裁

將24～25頁的紙型影印並剪下以取得紙型。將它們以大頭針別在刷毛布反面，以粉片畫出動物布偶的形狀。沿著畫好的圖形邊緣，再多留1.5公分的地方，自白色正面對正面對摺的刷毛布上，剪下2片身體（A）。其他的不需留縫分，可直接由未對摺的白色刷毛布，剪下2隻翅膀（B），由未對摺的黃色刷毛布，剪下2片羽毛（C），從未對摺的紅色刷毛布，剪下2片雞冠（D）和2片肉瘤（E），從未對摺的橘色刷毛布，剪下2片嘴巴（F）。

組合

依照虛線標示將翅膀（B）、羽毛（C）、雞冠（D）、肉瘤（E）和嘴巴（F）貼在2片身體上，接著縫紉固定。用打洞機打出2個黑圓點，黏在定位作為眼睛。

將2片身體正面對正面縫合，在主體下方的地方留下1個10公分的開口。從離接縫處0.3公分的地方，將多餘的布料修剪掉，然後翻轉回正面。將布偶以棉絮填滿之後，以幾針小針距縫合即可。

母雞

實體大小

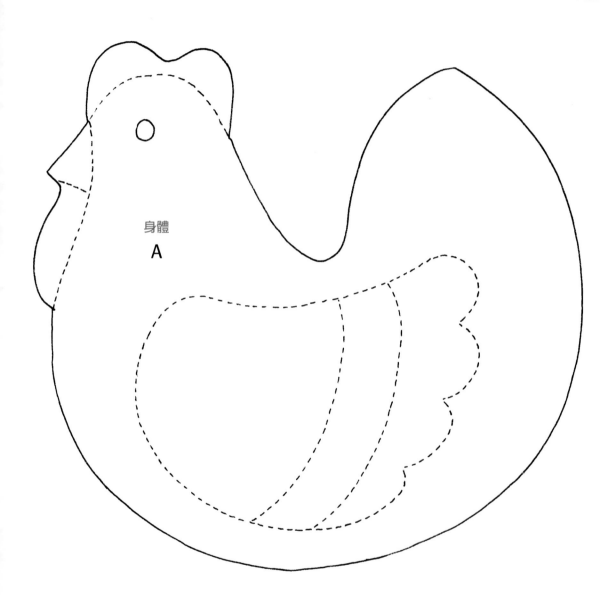

身體
A

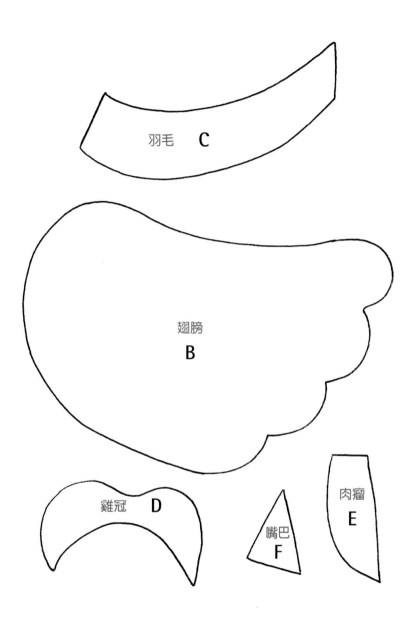

羽毛　C

翅膀

B

雞冠　D

肉瘤

E

嘴巴

F

小雞

布料剪裁

將右頁的紙型影印並剪下以取得紙型。將它們以大頭針別在刷毛布反面，以粉片畫出動物布偶的形狀。沿著畫好的圖形邊緣，再多留1.5公分的地方，自黃色正面對正面對摺的刷毛布上，剪下2片身體（A）。其他的不需留縫分，可直接由未對摺的黃色刷毛布，剪下2隻翅膀（B），由未對摺的橘色刷毛布，剪下1片嘴巴（C）。

組合

依照虛線標示，將翅膀（B）和嘴巴（C）貼在2片身體上，接著縫級固定。用打洞機打出2個黑圓點，黏在定位作為眼睛。

將2片身體正面對正面縫合，在主體下方的地方留下1個7公分的開口。從離接縫處0.3公分的地方，將多餘的布料修剪掉，然後翻轉回正面。將布偶以棉絮填滿之後，以幾針小針距縫合即可。

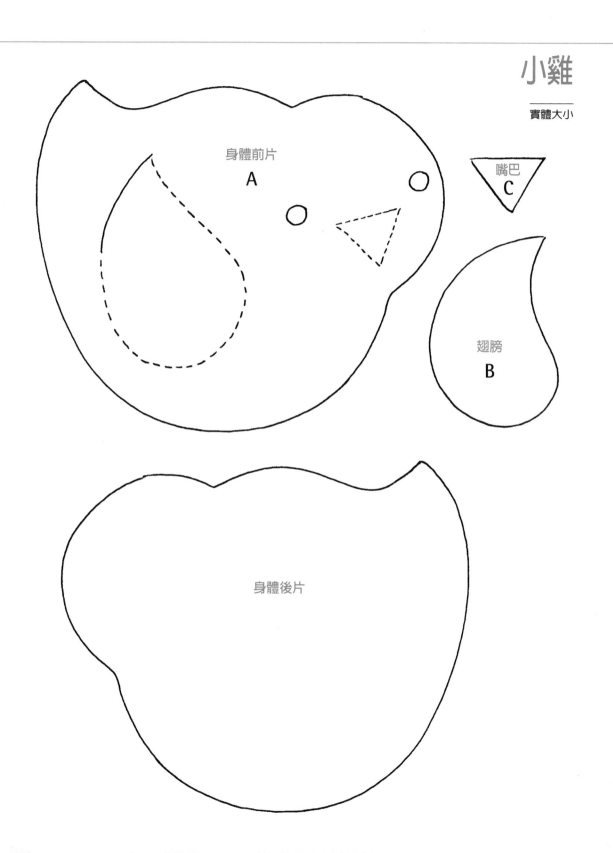

小雞

實體大小

身體前片
A

嘴巴
C

翅膀
B

身體後片

小豬

尺寸：16X14公分

材料

- ◆ 刷毛布：白、粉紅和黑色
- ◆ 填充棉絮
- ◆ 布品用黏膠
- ◆ 事務用打洞機
- ◆ 裁縫工具箱

布料剪裁

將30～31頁的紙型影印並剪下以取得紙型。將它們以大頭針別在刷毛布反面，以粉片畫出動物布偶的形狀。沿著畫好的圖形邊緣，再多留1.5公分的地方，自粉紅色正面對正面對摺的刷毛布上，剪下2片身體（A）。其他的不需留縫分，可直接由未對摺的粉紅色刷毛布，剪下2隻耳朵（B）和1個鼻子（C），從未對摺的白色刷毛布，剪下2隻耳朵（B）、1個嘴巴（D）、2片前腳（E）和2隻後腳（F）。

組合

依照虛線標示，先將鼻子（C）黏在嘴巴（D）上，接著將它們和前腳（E）和後腳（F）貼在2片身體上，然後縫紉固定。用打洞機打出2個黑圓點，黏在定位作為眼睛。

將1片粉紅色耳朵（B）和1片白色耳朵（B）正面對正面組合起來，留下垂直的那一面為開口。之後翻轉回正面，並以同樣的方式做好另1隻耳朵。將耳朵們以大頭針別在身體前片虛線標示處，白色那一面朝前方，將左耳縫起來。

將2片身體正面對正面縫合，右耳朵也一起縫進去（此時耳朵是包在裡面）。在動物屁股的地方留下1個7公分的開口。從離接縫處0.3公分的地方，將多餘的布料修剪掉，然後翻轉回正面（此時耳朵會跟著翻到外面來）。將布偶以棉絮填滿之後，以幾針小針距縫合即可。

小豬

影印時請將紙型放大到109%

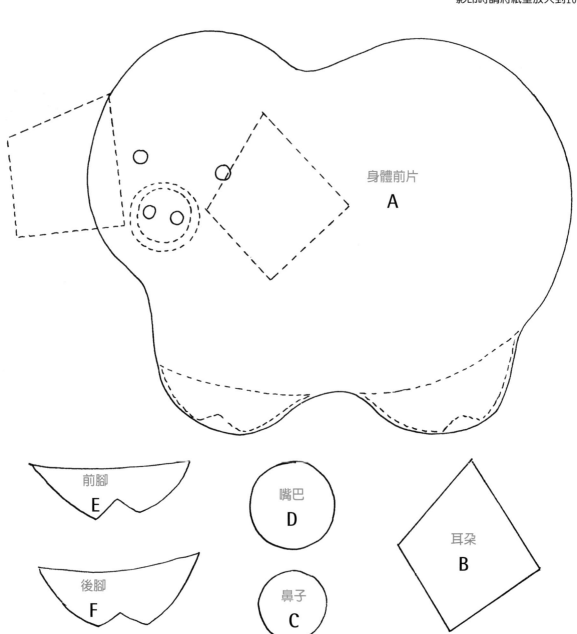

身體前片
A

前腳
E

嘴巴
D

鼻子
C

後腳
F

耳朵
B

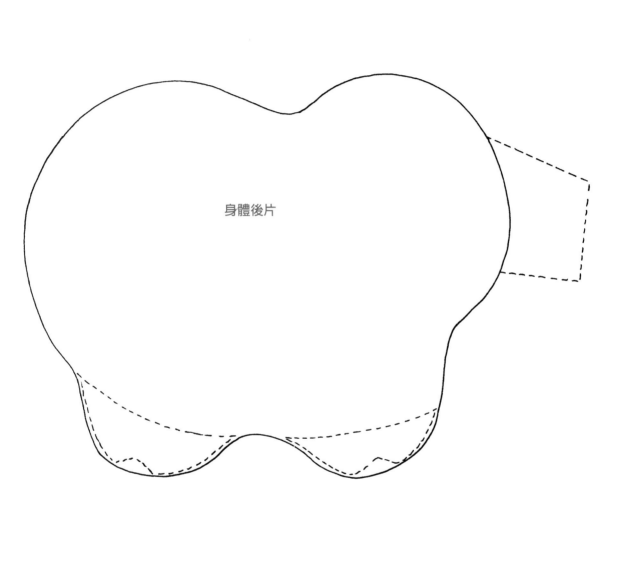

身體後片

小狗

尺寸：22X12公分

材料

◆ 刷毛布：白、棕色、粉紅和黑色
◆ 填充棉絮
◆ 布品用黏膠
◆ 事務用打洞機
◆ 裁縫工具箱

布料剪裁

將34頁的紙型影印並剪下以取得紙型。將它們以大頭針別在刷毛布反面，以粉片畫出動物布偶的形狀。沿著畫好的圖形邊緣，再多留1.5公分的地方，自白色正面對正面對摺的刷毛布上，剪下2片身體（A）。其他的不需留縫分，可直接由未對摺的白色刷毛布，剪下2隻耳朵（B）；從未對摺的棕色刷毛布，剪下2隻耳朵（B）、2片斑點（C）、2片有斑點的眼睛（D）、2片前腳（E）和2隻後腳（F），並從未對摺的粉紅色刷毛布，剪下1個鼻子（G）。

組合

依照虛線標示，將斑點（C）和（D）以及前腳（E）和後腳（F）貼在2片身體上，接著縫紉固定。用打洞機打出2個黑圓點，黏在有斑點的眼睛（D）的定位上作為眼睛。

將1片棕色耳朵（B）和1片白色耳朵（B）反面對反面組合起來，沿邊0.2公分的地方縫合。另1隻耳朵也以同樣的方式做好。將耳朵們以大頭針別在身體上虛線標示處，白色那一面朝裡面。將2片耳朵車縫固定起來。

將2片身體正面對正面縫合，在動物背上的地方留下1個10公分的開口。從離接縫處0.3公分的地方，將多餘的布料修剪掉，然後翻轉回正面。將布偶以棉絮填滿之後，以幾針小針距縫合。

最後，將鼻子（G）黏在狗頭尖端即成。

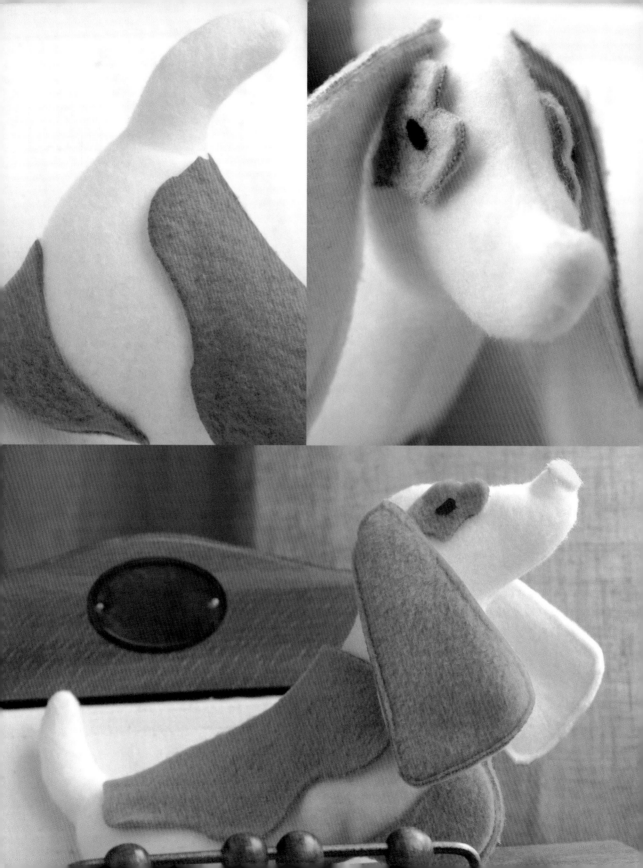

小狗

影印時請將紙型放大到127%

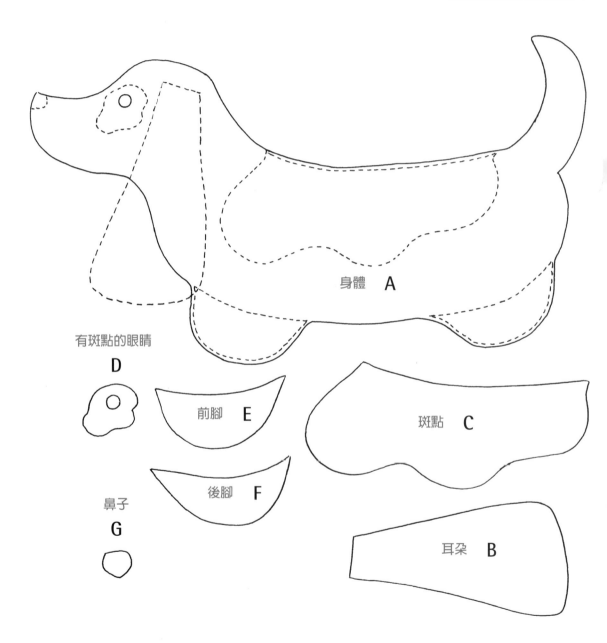

身體　A

有斑點的眼睛

D

前腳　E

斑點　C

後腳　F

鼻子

G

耳朵　B

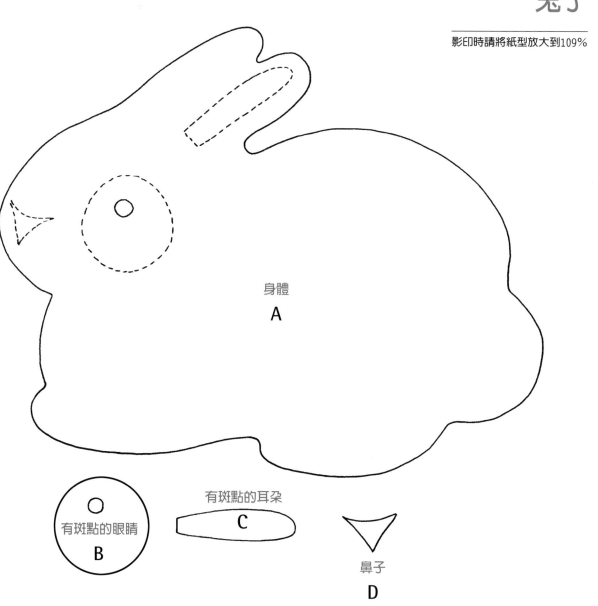

兔子

影印時請將紙型放大到109%

身體
A

有斑點的眼睛
B

有斑點的耳朵
C

鼻子
D

兔子

尺寸：17X14公分

材料

◆ 刷毛布：黃、橘、粉紅和黑色
◆ 填充棉絮
◆ 布品用黏膠
◆ 事務用打洞機
◆ 裁縫工具箱

布料剪裁

將35頁的紙型影印並剪下以取得紙型。將它們以大頭針別在刷毛布反面，以粉片畫出動物布偶的形狀。沿著畫好的圖形邊緣，再多留1.5公分的地方，自黃色正面對正面對摺的刷毛布上，剪下2片

身體（A）。其他的不需留縫分，可直接由未對摺的橘色刷毛布，剪下2片有斑點的眼睛（B）；而有斑點的2片耳朵（C）和2片鼻子（D）則自未對摺的粉紅色刷毛布剪下。

組合

依照虛線標示將有斑點的眼睛（B）、有斑點的耳朵（C）和鼻子（D）貼在2片身體上，接著縫紉固定。用打洞機打出2個黑圓點，黏在眼睛斑點（B）上的定位作為眼睛。

將2片身體正面對正面縫合，在尾巴上方的地方留下1個7公分的開口。從離接縫處0.3公分的地方，將多餘的布料修剪掉，然後翻轉回正面。將布偶以棉絮填滿之後，以幾針小針距縫合即可。

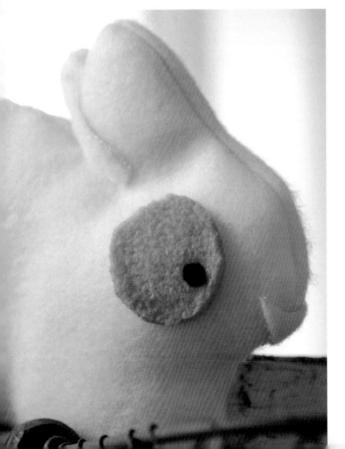

鴨子

尺寸：20X16公分

材料

◆ 刷毛布：卡其、綠色、酒紅、橘色、白和黑色
◆ 填充棉絮
◆ 布品用黏膠
◆ 事務用打洞機
◆ 裁縫工具箱

布料剪裁

將40～41頁的紙型影印並剪下以取得紙型。將它們以大頭針別在刷毛布反面，以粉片畫出動物布偶的形狀。沿著畫好的圖形邊緣，再多留1.5公分的地方，自卡其色正面對正面對摺的刷毛布上，剪下2片身體（A）。其他的不需留縫分，可直接由未對摺的綠色刷毛布，剪下2個頭（B）；從未對摺的酒紅色刷毛布，剪下2隻翅膀（C）和2片尾巴（D）；從未對摺的橘色刷毛布，剪下1個嘴巴（E）；並從未對摺的白色刷毛布，剪下2片鴨胸（F）。

組合

依照前後片上的虛線標示將頭（B）、翅膀（C）、尾巴（D）、嘴巴（E）和胸（F）貼在2片身體上，接著縫紉固定。用打洞機打出2個黑圓點，黏在頭（B）、嘴巴（E）的上方定位作為眼睛。

將2片身體正面對正面縫合，在身體下方的位置留下1個10公分的開口。從離接縫處0.3公分的地方，將多餘的布料修剪掉，然後翻轉回正面。將布偶以棉絮填滿之後，以幾針小針距縫合即可。

鴨子

影印時請將紙型放大到109%

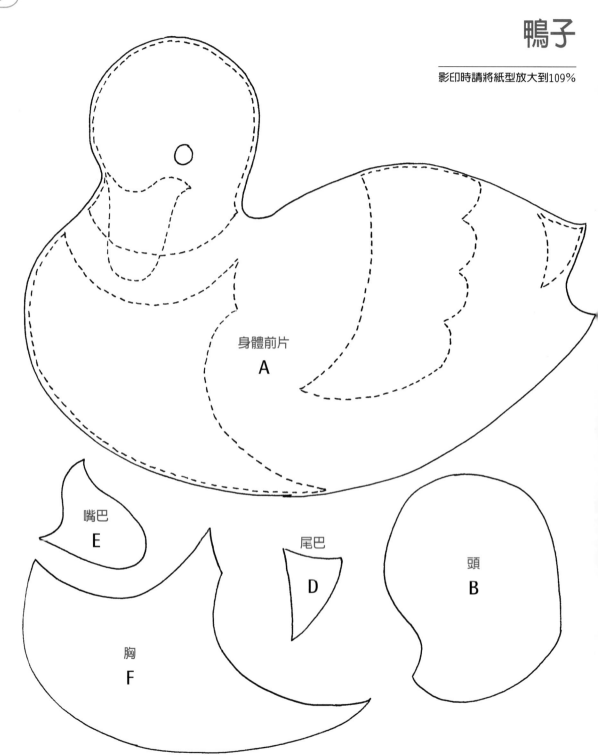

身體前片
A

嘴巴
E

尾巴
D

頭
B

胸
F

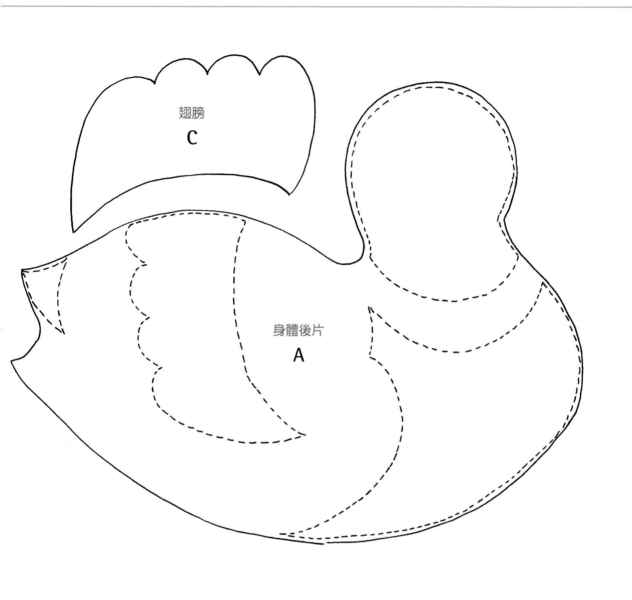

翅膀
C

身體後片
A

綿羊

尺寸：18X14公分

材
料

◆ 刷毛布：白、粉紅和黑色
◆ 填充棉絮
◆ 布品用黏膠
◆ 事務用打洞機
◆ 裁縫工具箱

布料剪裁

將44～45頁的紙型影印並剪下以取得紙型。將它們以大頭針別在刷毛布反面，以粉片畫出動物布偶的形狀。沿著畫好的圖形邊緣，再多留1.5公分的地方，自白色正面對正面對摺的刷毛布上，剪下2片身體（A）。其他的不需留縫分，可直接由未對摺的白色刷毛布，剪下2個耳朵（B）；從未對摺的粉紅色刷毛布，剪下2隻耳朵（B）、1個頭（C）、2隻前腳（D）和2隻後腳（E）。

組合

依照前後片紙型上的虛線標示，將頭（C）和前腳（D）、後腳（E）貼在2片身體上，接著縫紉固定。用打洞機打出2個黑圓點，黏在頭（C）的定位上作為眼睛。

將2片身體正面對正面縫合，在動物尾巴上方的地方，留下1個7公分的開口。從離接縫處0.3公分的地方，將多餘的布料修剪掉，然後翻轉回正面。

將1片粉紅色耳朵（B）和1片白色耳朵（B）反面對反面組合起來，沿邊0.2公分的地方縫合，再翻回正面。另1隻耳朵也以同樣的方式做好。將耳朵們以大頭針別在身體前片上虛線標示處，粉紅色那一面朝裡面。將2耳車縫固定在頭上。

將布偶以棉絮填滿之後，以幾針小針距縫合。

綿羊

影印時請將紙型放大到109%

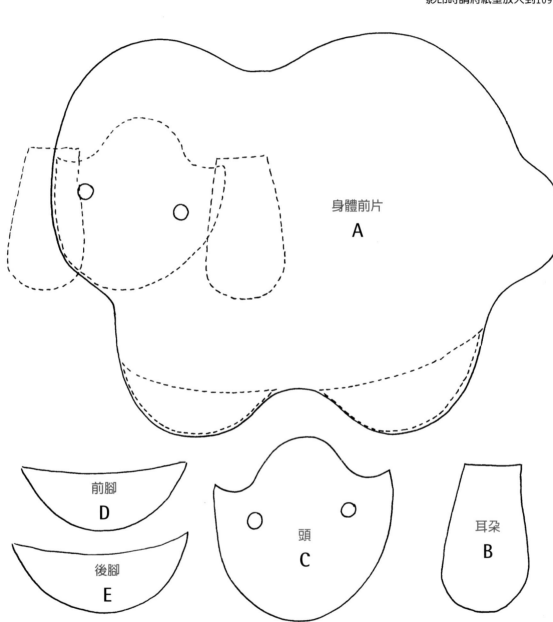

身體前片
A

前腳
D

後腳
E

頭
C

耳朵
B

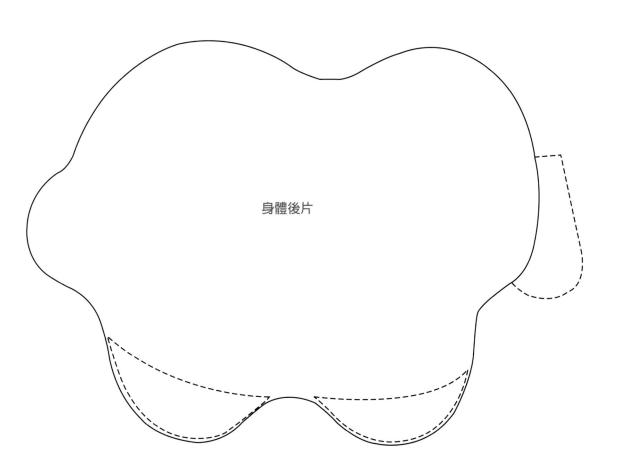

身體後片

小貓

尺寸：22X15公分

材料

- ◆ 刷毛布：橙色、橘色、粉紅和黑色
- ◆ 填充棉絮
- ◆ 布品用黏膠
- ◆ 事務用打洞機
- ◆ 裁縫工具箱

布料剪裁

將48～49頁的紙型影印並剪下以取得紙型。將它們以大頭針別在刷毛布反面，以粉片畫出動物布偶的形狀。沿著畫好的圖形邊緣，再多留1.5公分的地方，自橙色正面對正面對摺的刷毛布上，剪下2片身體（A）。其他的不需留縫分，可直接由未對摺的橘色刷毛布，剪下2個條紋（B）、2個條紋（C）、2個條紋（D）、2個條紋（E）、2個條紋（F）、2個條紋（G）和2個條紋（H）；並從未對摺的粉紅色刷毛布，剪下2片耳朵（I）和1個鼻子（J）。

組合

依照前後片紙型上的虛線標示將條紋（B）、（C）、（D）、（E）、（F）、（G）和（H），以及耳朵（I）和鼻子（J）貼在2片身體上，接著縫紉固定。用打洞機打出2個黑圓點，將它們黏在鼻子（J）定位上作為眼睛。

將2片身體正面對正面縫合，在主體下方的地方，留下1個10公分的開口。從離接縫處0.3公分的地方，將多餘的布料修剪掉，然後翻轉回正面。將布偶以棉絮填滿之後，以幾針小針距縫合即可。

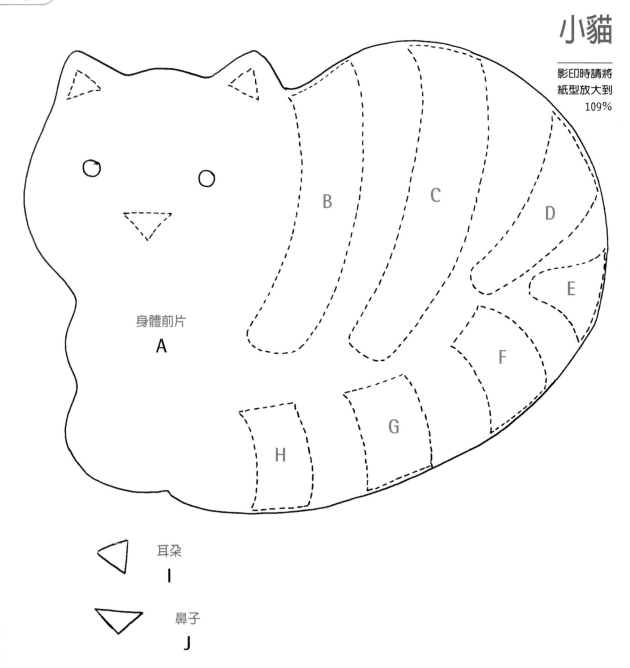

小貓

影印時請將
紙型放大到
109%

B

C

D

E

F

身體前片
A

G

H

耳朵
I

鼻子
J

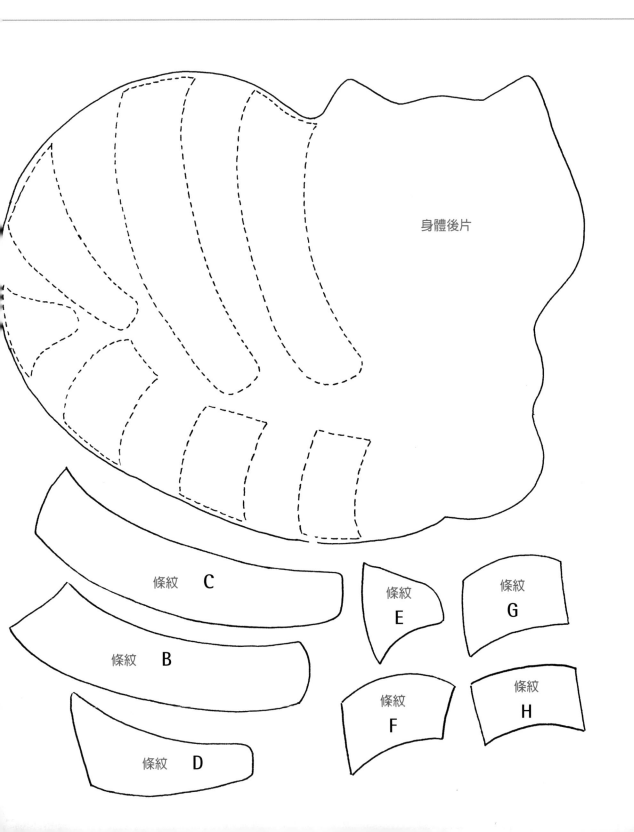

公雞

尺寸：18X16公分

材料

- ◆ 刷毛布：黃、白、橘、紅、金黃和黑色
- ◆ 填充棉絮
- ◆ 布品用黏膠
- ◆ 事務用打洞機
- ◆ 裁縫工具箱

布料剪裁

將52頁的紙型影印並剪下以取得紙型。將它們以大頭針別在刷毛布反面，以粉片畫出動物布偶的形狀。沿著畫好的圖形邊緣，再多留1.5公分的地方，自黃色正面對正面對摺的刷毛布上，剪下2片身體（A）。其他的不需留縫分，直接由未對摺的白色刷毛布，剪下2片翅膀（B）；自未對摺的橘色刷毛布，剪下2片羽毛（C）和2片尾巴（D）；自未對摺的紅色刷毛布，剪下2片雞冠（E）和2片肉瘤（F）；自未對摺的金黃色刷毛布，剪下2個嘴巴（G）。

組合

依照虛線標示將羽毛（C）黏在翅膀（B）上，接著將它們和尾巴（D）、雞冠（E）、肉瘤（F）和嘴巴（G）貼在2片身體上，接著縫紉固定。然後用打洞機打出2個黑圓點，將它們黏在定位上作為眼睛。

將2片身體正面對正面縫合，在主體下方的地方，留下1個10公分的開口。從離接縫處0.3公分的地方，將多餘的布料修剪掉，然後翻轉回正面。將布偶以棉絮填滿之後，以幾針小針距縫合即可。

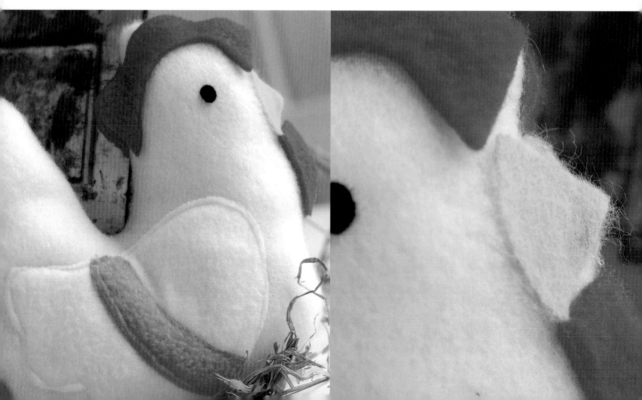

公雞

影印時請將紙型放大到118%

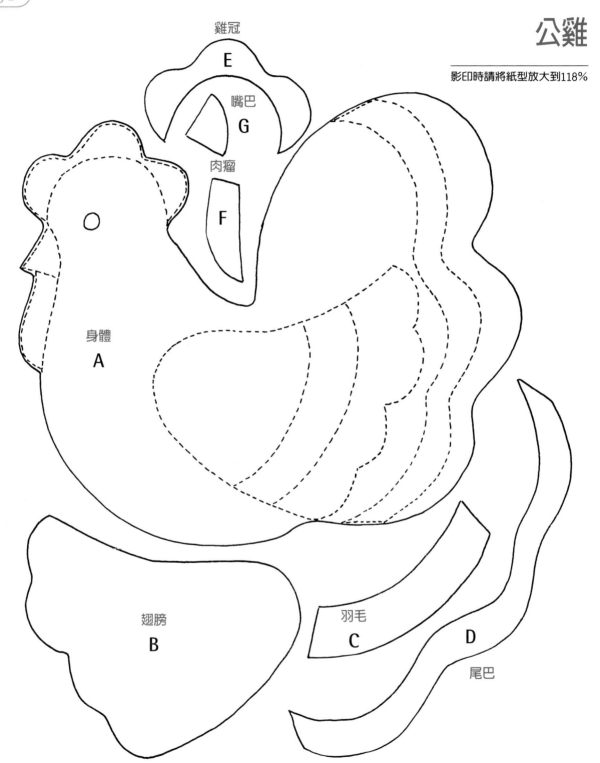

雞冠

E

嘴巴

G

肉瘤

F

身體

A

翅膀

B

羽毛

C

D

尾巴

山羊

影印時請將紙型放大到127%

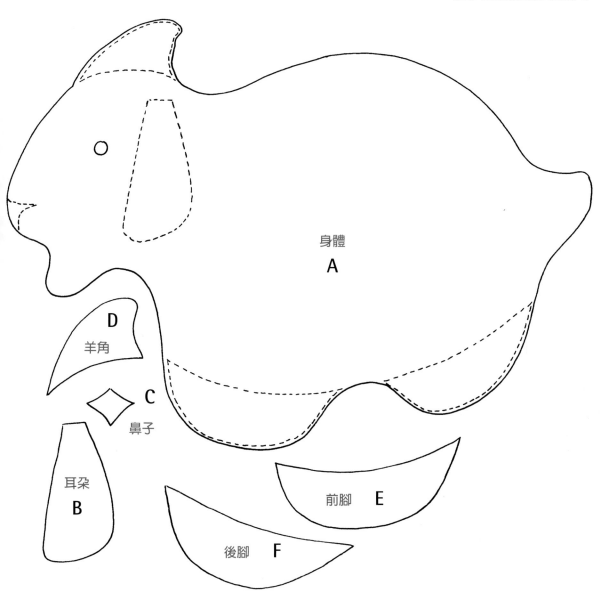

○

身體
A

D
羊角

C
鼻子

耳朵
B

前腳 E

後腳 F

山羊

尺寸：22X17公分

材料

◆ 刷毛布：白、黃、粉紅和黑色
◆ 填充棉絮
◆ 布品用黏膠
◆ 事務用打洞機
◆ 裁縫工具箱

布料剪裁

將53頁的紙型影印並剪下以取得紙型。將它們以大頭針別在刷毛布反面，以粉片畫出動物布偶的形狀。沿著畫好的圖形邊緣，再多留1.5公分的地方，自白色正面對正面對摺的刷毛布上，剪下2片身體（A）。其他的不需留縫分，可直接由未對摺的白色刷毛布，剪下2片耳朵（B）；自未對摺的粉紅色刷毛布，剪下2片耳朵（B）和1個鼻子（C）；自未對摺的黃色刷毛布，剪下2隻角（D）；自未對摺的黑色刷毛布，剪下2隻前腳（E）和2隻後腳（F）。

組合

依照虛線標示，將羊角（D）、前後腳（E）和（F）貼在2片身體上，接著縫紉固定。用打洞機打出2個黑圓點，黏在定位上作為眼睛。

將2片身體正面對正面縫合，在背部上方的地方留下1個10公分的開口。從離接縫處0.3公分的地方，將多餘的布料修剪掉，然後翻轉回正面。

將1片粉紅色耳朵（B）和1片白色耳朵（B）反面對反面組合起來，沿邊0.2公分的地方縫合。另1隻耳朵也以同樣的方式做好。將耳朵們以大頭針別在身體上虛線標示處，粉紅色那一面朝裡面，然後將2耳車縫固定在頭上。將布偶以棉絮填滿之後，以幾針小針距縫合。

最後將鼻子（C）縫在頭前方即可。

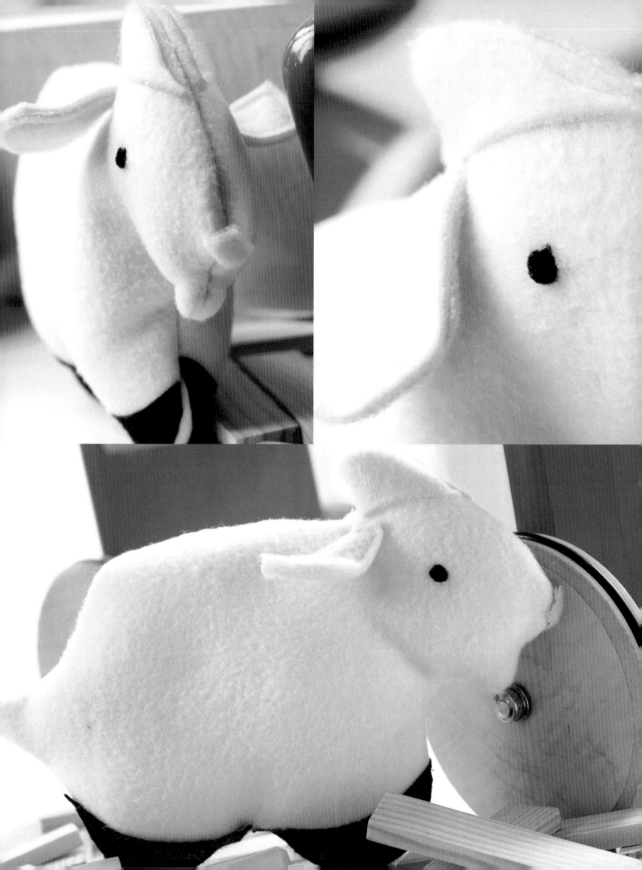

驢子

尺寸：16X22公分

材料

- ◆ 刷毛布：灰、粉紅和黑色
- ◆ 填充棉絮
- ◆ 布品用黏膠
- ◆ 事務用打洞機
- ◆ 裁縫工具箱

布料剪裁

將58～59頁的紙型影印並剪下以取得紙型。將它們以大頭針別在刷毛布反面，以粉片畫出動物布偶的形狀。沿著畫好的圖形邊緣，再多留1.5公分的地方，自灰色正面對正面對摺的刷毛布上，剪下2片身體（A）。其他的不需留縫分，可直接由未對摺的灰色刷毛布，剪下1個尾巴（B），從未對摺的粉紅色刷毛布，剪下2個耳朵（C）和1個鼻子（D），從未對摺的黑色刷毛布，剪下1個鬃毛前片（E）、1個鬃毛後片（F）、2隻前腳（G）、2隻後腳（H）和1個尾巴末端（I）。

組合

依照前後片紙型上的虛線標示，將尾巴（B）、耳朵（C）、鼻子（D）、鬃毛（E）和（F）、前腳（G）和後腳（H）以及尾巴末端（I）貼在2片身體上，接著縫綴固定。用打洞機打出4個黑圓點，分別黏在鼻子（D）和頭部的定位上作為鼻孔和眼睛。

將2片身體正面對正面縫合，在1隻腳下端的位置留下1個7公分的開口。從離接縫處0.3公分的地方，將多餘的布料修剪掉，然後翻轉回正面。將布偶以棉絮填滿之後，以幾針小針距縫合。

驢子

影印時請將紙型放大到127%

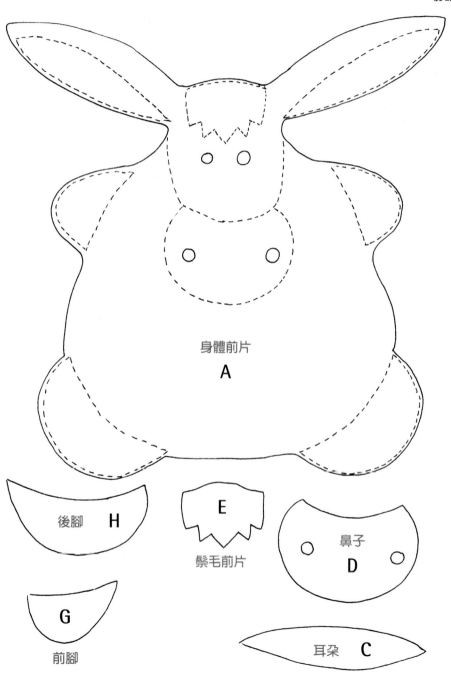

身體前片

A

後腳　　H

E

鬃毛前片

鼻子

D

G

前腳

耳朵　C

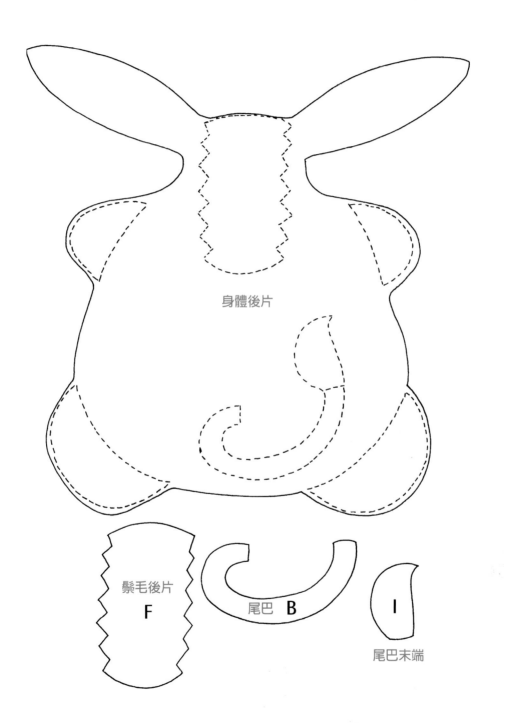

身體後片

鬃毛後片

F

尾巴 B

I

尾巴末端

火雞

尺寸：20X20公分

材料

- ◆ 刷毛布：黃、橘、白、灰和黑色
- ◆ 填充棉絮
- ◆ 布品用黏膠
- ◆ 事務用打洞機
- ◆ 裁縫工具箱

布料剪裁

將62～63頁的紙型影印並剪下以取得紙型。將它們以大頭針別在刷毛布反面，以粉片畫出動物布偶的形狀。沿著畫好的圖形邊緣，再多留1.5公分的地方，自黃色正面對正面對摺的刷毛布上，剪下2片身體（A）。其他的不需留縫分，可直接由未對摺的橘色刷毛布，剪下1個雞冠（B）和1片雞胸（C）；從未對摺的白色刷毛布，剪下2片尾巴（D）、2片翅膀（E）和1個頭（F）；最後從未對摺的灰色刷毛布，剪下1個嘴巴（G）。

組合

依照前後片紙型上的虛線標示，將頭（F）、雞冠（B）、肉瘤（C）、嘴巴（G）、尾巴（D）和翅膀（E）貼在2片身體上，接著縫紉固定。用打洞機打出1或2個黑圓點，黏在頭部（F）的定位上作為眼睛。

將2片身體正面對正面縫合，在身體下端的位置留下1個10公分的開口。從離接縫處0.3公分的地方，將多餘的布料修剪掉，然後翻轉回正面。將布偶以棉絮填滿之後，以幾針小針距縫合即可。

火雞

影印時請將紙型放大到109%

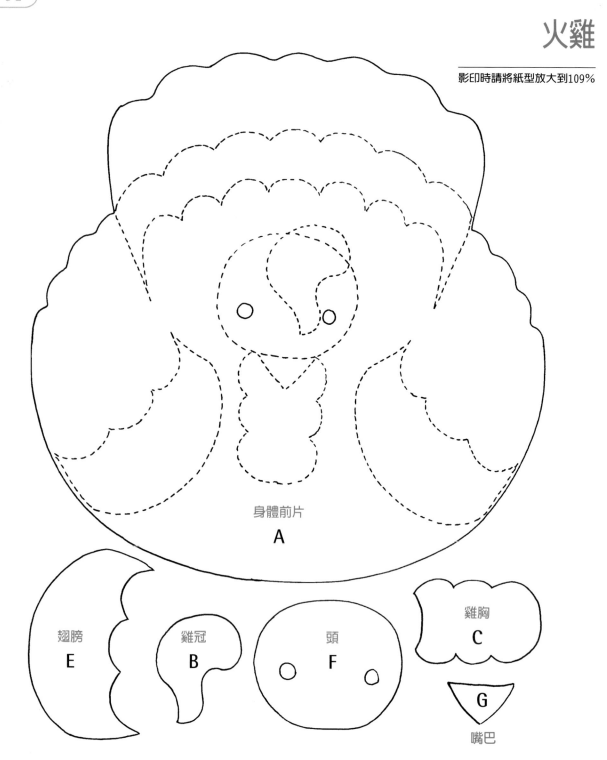

身體前片
A

翅膀
E

雞冠
B

頭
F

雞胸
C

G

嘴巴

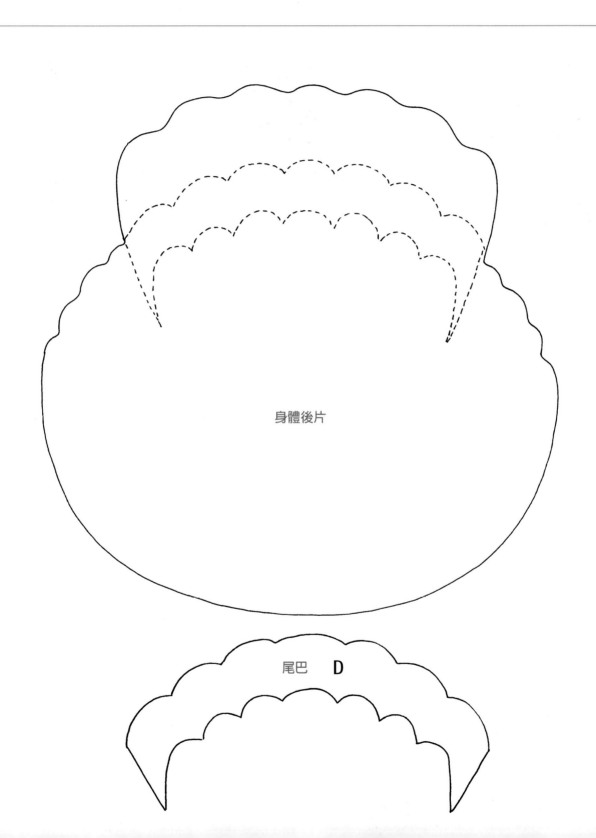

身體後片

尾巴　　D